U0516874

专注力
MINDFULNESS

哈佛商业评论 情商系列

HARVARD BUSINESS REVIEW
EMOTIONAL INTELLIGENCE SERIES

[美] 丹尼尔·戈尔曼 (Daniel Goleman)
[美] 埃伦·兰格 (Ellen Langer) 等 著
赵亚男 赵龙飞 译

中信出版集团 | 北京

图书在版编目（CIP）数据

专注力 /（美）丹尼尔·戈尔曼等著；赵亚男，赵
龙飞译 . -- 北京：中信出版社，2020.1
（哈佛职场情商课）
书名原文：Mindfulness
ISBN 978-7-5217-0911-7

I. ①专⋯ II. ①丹⋯ ②赵⋯ ③赵⋯ III. ①注意—
能力培养—通俗读物 IV. ① B842.3-49

中国版本图书馆 CIP 数据核字（2019）第 267133 号

专注力

著　　者：[美]丹尼尔·戈尔曼　[美]埃伦·兰格　等
译　　者：赵亚男　赵龙飞
出版发行：中信出版集团股份有限公司
　　　　　（北京市朝阳区惠新东街甲 4 号富盛大厦 2 座　邮编　100029）
承 印 者：北京通州皇家印刷厂

开　　本：787mm×1092mm　1/32　　印　　张：3.5　　字　　数：40 千字
版　　次：2020 年 1 月第 1 版　　　　印　　次：2020 年 1 月第 1 次印刷
京权图字：01-2019-2960　　　　　　广告经营许可证：京朝工商广字第 8087 号
书　　号：ISBN 978-7-5217-0911-7
定　　价：36.00 元

目 录

推荐序

一

埃伦·兰格接受艾利森·比尔德专访

复杂时代的专注力
专注力的定义和重要性

二

克里斯蒂娜·康格尔顿 ｜文
布里塔·K. 霍尔泽
萨拉·W. 拉扎尔

专注力可以改变你的大脑
这是科学

三

拉斯马斯·霍高 ｜文
杰奎琳·卡特

如何在工作中保持专注
培养大脑的凝聚力

七

玛丽亚·冈萨雷斯 | 文

无暇冥想的人如何训练专注力
如果你没有时间

八

夏洛特·利伯曼 | 文

当专注力成为产能工具时，我们失去了什么
你可能不得要领

九

戴维·布伦德尔 | 文

工作中的"专注力"风险
请不要变得过度专注

推荐序

关于情绪智商（EQ），我有太多的话要说。我好想与初入职场的人分享情商的概念。我甚至抱着一种但愿你能早一点知道的心情推荐这套书。

记得几十年前，在一档广播节目中，我听到飞利浦公司的副总裁罗益强先生说，以前要想成功，需要的是"努力工作"（work hard）。以后要想成功，努力工作还不够，还要"聪明工作"（work smart），他接着说。但是以我们的成长过程而言，聪明工作是一件很不容易的事。

我很想加一句话，那就是，我们中国人在一切为考试、事事为进名校的过程中长大，聪明工作更不容易。

聪明工作需要热爱与全心投入自己的工作，需要从工作中获得一种幸福感（快乐）。人本心理学家马斯洛曾说："世界上最幸福的事，就是有人付钱让你去做你喜欢做的工作。"我们有多少人选择的是自己喜爱的工作？

聪明工作需要有自信与毅力，需要会沟通和赢得他人的合作。当你受到挫折，陷入低潮时，需要学习激励自己，重新站起来；甚至因此学到一课，变得比以前更好，更能发挥潜力。在只会读书，只注重分数的氛围中长大的人，这方面好脆弱！

聪明工作需要学会培养良好的人际关系，需要发挥正向的影响力、领导力，像是激励他人，赞赏他人。功课好的人通常只想到自己，因为用功读书的时候他常常一个人，想到的常是自己。后来也就很欠缺同理心，很难成为领导了。

谈到这里，我已经忍不住想问，我们过去在学校、在家中，以及后来在工作中，用了多少时间与精力，培养以上这些关键能力？

很多人以为一个人情商高就是少发脾气。其实不发脾气只是最基本的起点。接下来自信、幸福感、同理心、领导力才是情商的枢纽。

有人在2000年即将来临时问管理大师彼得·德鲁克，21世纪与上一个世纪最大的不同会是什么？德鲁克回答说，在21世纪，工作的开始才是学习的开始。

学完物理、化学、会计、电子机械之后，踏入职场，你面对的将不只是一份工作，你面对的是条漫长的学习之路。那是一条通往成功之路。这条成功之路的里程碑就是：毅力、恢复力、影响力、领导力与同理心。它的终点站是快乐和幸福。

黑幼龙

卡内基训练大中华地区负责人

埃伦·兰格（Ellen Langer）接受艾利森·比尔德（Alison Beard）专访

复杂时代的专注力

近 40 年来，埃伦·兰格对专注力的研究极大地影响了从行为经济学到积极心理学等一系列领域的思考。其研究表明，通过关注周围发生的事情，而非开启"自动驾驶"模式，我们可以减少压力，释放创造力，并且提升表现力。例如，她的"逆时针"实验表明，老年人只要能保持 20 年前的心态，他们就能活得更健康。在接受资深编辑艾利森·比尔德的采访时，兰格谈到了如何在这个日渐复杂的时代运用她的理论来提升领导和管理能力。

比尔德：我们从基础问题说起，到底什么是专注力呢？您如何定义专注力？

兰格：专注力是积极注意新事物的过程。当你这样做时，就会着眼于当下，从而能够更加敏锐地感知周围的环境与观点。这样我们就会全身心地投入其中，生成更多的能量，而不是消耗能量。大多数人误以为这样做会使人感到紧张，产生疲惫感。但漫不经心的状态反而更令人紧张，因为散漫会带来消极，消极会让我们在面对问题时感到不知所措。

我们都追求稳定。希望让事物保持原样，认为这样我们就能控制局面。然而，由于事物无时无刻不在变化，所以这种做法是行不通的，这样做只会让你失去控制力。

以工作流程为例，如果有人说"你就得这么做"，请不要信以为真。我们总有很多办法，你需要根据当前的情境做出选择，而不是用昨天的办法来解决今天的问题。所以当有人说"你要学会这个方法，使之成为你的潜意识"时，你要给自己提个醒，因为"潜意识"意味着专注力的缺失。别人提供给你的规则对创制这套规则的人最有效，你和那个人越不同，就越难利用这些规则。当你保持专注的时候，规则、惯例和目标都将成为你的指引，而不是构成制约。

比尔德：根据您的研究，提升专注力有哪些特别的益处？

兰格：比如，给你带来更好的表现。我们针对交响乐团的演奏者做了一项研究。事实证明，这些人都感觉无聊透顶，他们一遍又一遍地演奏着同样的乐曲，但这是一份很有身份的工作，他们又不愿轻易放弃。我们要求这些人分组演奏，让其中几组重复他们以前的演奏方式——缺乏专注力的演奏方式；其他几组则要在他们的个人演奏中加入一些微妙的新颖元素——具有专注力的演奏方式。要知道，这可不是爵士乐，所以乐曲中体现出来的变化并不容易被察觉。但当我们把交响乐的录音播放给那些对该研究一无所知的人听时，绝大多数人都更喜欢具有专注力的演奏曲目。所以，让小组中的每个成员都能各自有所发挥，这会带来更好的效果。有一种观点认为，如果让每个人各行其是，场面就会混乱不堪。的确，当人们以反叛的方式各自为政时，局面可能就会失控。但当每个人都着眼当下，全身心地投入同一个情境中时，那他们肯定会表现得更加完美、和谐。

专注力还有许多其他优势。它使你更容易集中注意力，能够记住更多自己做过的事情，使你更有创造力，能够更好地把握眼前的时机，还能防患于未然。你对别人的好感会增加，由于你会更少评头论足，所以别人对你的好感也会增加。你会变得更有魅力。

你不会再有拖延和后悔的感觉，因为如果你知道为什么现在要做某事，就不会因为没有做其他事情而责备自己了。如果你全身心地活在当下，决定优先处理这个任务／在这家公司工作／制造这个产品／实施这个策略，你又怎么会后悔呢？

我研究这个问题将近 40 年了。我们发现，无论以什么样的衡量角度来看，专注力都能产生更加积极的结果。当你意识到它是一个高级变量时，就能明白为什么专注力具有如此重要的作用了。无论你在做什么，比如吃一个三明治，做一个采访，搞一些小发明，写一份报告，都要有意或无意地保持一定的专注力。当你有意保持专注力的时候，你的行为往往更有价值。无论是《财富》50 强的首席执行官，还是最令人印象深刻的艺术家和音乐家、顶尖的运动员、最优秀的老师和机械师，各领域的顶尖人物都是非常专注的人，因为专注力是到达顶峰的唯一途径。

比尔德：您如何证明专注力和创新之间的关联？

兰格：我和一位名叫加布里埃尔·哈蒙德（Gabriel Hammond）的研究生曾经进行过一项研究，要求参与者为一些失败的产品想出新的用途。我们提出了 **3M 胶水**这个广为人知的失败案例，告诉其中一组人为什么该产品没有实现预期的用途，以此引导他们进入缺乏专注力的状态。同时，我们对另一组人只是简单地描述了产品的特性，即产品的黏附力保持时间很短，以此引导他们进入一种专注状态。结果可想而知，最有创意的想法来自第二组。

我不仅是一个研究人员、作家和顾问，也是一名艺术家。我所做的事情之间有着互通关系。我就是在画画的时候，想到要对"专注力"和"错误"做一番研究。当时我抬头看到自己在用赭黄色的颜料作画，而我本来想用的是洋红色，于是我试图修复这个错误。但后来我意识到，我只是在几秒钟前才决定使用洋红色。人总是这样，你开始时不确定，然后做出决定，如果犯了一个错误，便视其为一场灾难。但你正在走的路其实只是一个决定，你可以随时更改这个决定，也许换一种选择会有更好的结果。当你保持专注的时候，"错误"也会成为你的朋友。

比尔德：专注力如何让一个人更有魅力？

兰格：我们已经在这个问题上做过若干研究。早期的一项研究是针对杂志销售人员的，我们发现那些更加专注的人都拥有更好的销售业绩，而且更受客户青睐。最近，我们研究了女性高管面临的困境：如果她们以一种强势、典型的男性化作风行事，就会被视为"恶妇"，但如果她们表现出女性的娇柔，又会被视为软弱，被认为不是当领导的材料。于是，我们让两组女性发表说服性的演说。按照要求，一组表现得男性化，另一组表现得女性化。然后我们在两组中各指定一半的演说者，让她们保持专注。结果发现，不管她们扮演的是哪种性别角色，听众都更喜欢比较专注的演说者。

比尔德：专注力也会让人们减少对别人的评头论足吗？
兰格：是的。我们在无意中都喜欢对人进行归类，比如，他很死板，她很冲动。但在你这样给别人定性后，你就失去了和他们合作或借助其才能的机会。专注力帮助你理解人们为什么会那样做。他们在那个时候采取那种行动是有道理的，否则他们不会这么做。

我们做过一项研究，要求人们对自己的性格特征进行评价，让他们说出自己最想改变和最看重的东西。我们发现了一件很有讽刺意味的事。人们看重的品质往往就是他们想要改变的品质，只不过前者是后者的积极版本。因此，我之所以不能克制自己的冲动是因为我重视自发性。也就是说，如果你想改变我的行为，就得说服我不要重视自发性。但当你换一个角度，把我的冲动看成自发性的时候，你很可能就不想改变我了。

专注的管理

比尔德：管理者还可以怎样提升专注力呢？

兰格：一种方法是，想象你的思想是完全透明的，这样你就不会把别人想得很糟糕，而是会设法理解他们的观点。

当你为某事感到烦恼时，比如有人没有按时完成任务，或者完成方式不符合你的要求，这时你不妨自问："这是一场大灾难，还是一个小麻烦？"一般很可能是后者。大多数让我们烦心的事情其实都是小麻烦。

我还要说的是，人们应该寻求工作和生活的融合，而不是平衡。"平衡"意味着两者是对立的，没有任何共同之处。但事实并非如此，我们在工作和生活中都要与人打交道，两者都面临压力，都要做好日程安排。如果将二者区分对待，你就无法将一个领域中的成功经验转移到另一个领域。在保持专注力的时候，我们能够意识到"类别"是人为构建的，不能反过来对我们构成限制。

我们还要知道，压力并非来自事件本身，而是取决于你如何看待这些事件。有时你觉得某件事情将要发生，并随即心惊胆战起来。但你预测到的景象只是一种幻觉，你并不知道将会发生什么。因此，你可以给自己 5 个理由，让自己相信自己不会丢掉工作，然后再想出 5 个理由，说明就算丢掉了工作也有好处——新的机会、更多陪伴家人的时间，等等。这样你就不再认为事情绝对会发生了，而是觉得它可能会发生，即便发生也无所谓了。

当你觉得要被肩头的负担压得喘不过气来的时候，不妨采用同样的方法，对那些令你不安的念头提出疑问：只有你才能做成这件事吗？只能采取这一种方法吗？如果你做不到，公司就会倒闭吗？当你开放思想，提高专注力时，压力就会随之消散。

专注力帮助你认识到，结果没有积极和消极之分，只有 A、B、C、D 等不同结果，每个结果都面临着挑战与机遇。

请给我一些场景，我来解释专注力是如何起作用的。

比尔德：我领导的团队出现了意见分歧。大家各执己见，就不同的策略展开了激烈的争论，我必须从中做出选择。

兰格：有一个古老的故事，讲的是两个人来到法官面前，其中一个人给出了自己的说辞，法官说："没错。"另一个人也给出了自己的说辞，法官又说："没错。"那两个人都说："我们不可能都对啊！"法官依旧说："没错。"我们总是想当然地认为，解决争议的方法非此即彼，或者只能两相妥协，但我们几乎总能找到双赢的解决方案。与其让人们固守自己的立场，还不如让他们开放思想，站到对方的立场上，互换视角进行辩论，这样他们就会意识到双方都有道理。然后，我们可以找到一个解决问题的方法，使双方都"没错"。

比尔德：我是一名主管，肩负着繁重的任务，现在又遇到了个人危机。

兰格：如果我家里出了事，不能接受这次采访，我会说："艾利森，希望你能谅解，出了这样的事情，我现在无心接受采访。"你可能会说："哦，没事，我上周也遇上了一些事情，没关系，我理解。"危机事件得以解决后，我们又可以回到采访中来，而且我们之间会形成一种全新的关系，这将成为各种美好事情的基础。

比尔德：我是个老板，需要对一名表现不佳的员工进行评估。

兰格：请明确一点，你要站在个人角度，而不是普世角度给出评估意见，这样才能开启双方之间的对话。假设一名学生或一名工人说 1 加 1 等于 1。老师或老板可以直接说"错了"，或者也可以尝试找出他们得出 1 的理由。那名工人可能会说："如果你把一团口香糖粘到另一团口香糖上，这时还是只有一团口香糖，这时1加1就等于1。"于是，老板也了解到一些事情。

作为一个领导者，你可以像上帝一样四处视察，让员工见到你都战战兢兢。但是，这样你了解不到任何东西，因为他们什么都不会告诉你，你也会感到孤单和郁闷。身居高位不一定就要唯我独尊，你同样可以开放思想，接纳他人。

比尔德：如何创建一个更加专注的组织？

兰格：我在担任公司顾问时，一般先让每个人认识到自己欠缺专注力，以及他们因此而错过了什么。只有在满足两个条件时，你才可以不专注：你找到了最佳做事方式，而且什么事情也不会发生改变。当然，这些条件无法得到满足。所以你工作时就应该专心致志，保持专注。我会向人们解释，去任何地方时都有不同的路径可以选择。事实上，你甚至不能确定自己最初选择的目的地就是你最终想去的地方。不同的角度会带来不同的景象。

我会告诉领导者，他们应该泰然地接受"不知道"——我不知道，你不知道，没有人知道，而不是表现得好像他们什么都知道，致使其他人也都假装自己知道，从而引发各种各样的焦虑和不适感。不要信奉"零事故"方针，这种方针就是最大的谎言。有人会问："为什么？这样做与别的方式比有什么好处？"当你这么做时，每个人都会感到轻松，你也能更好地把握和利用机会。

几年前，我为一家疗养院提供咨询工作。一位护士走进来，抱怨说有位住户不想去餐厅，她想待在房间里吃花生酱。于是我插言："这有什么问题吗？"她回答："如果每个人都这么做，那怎么办呢？"我说："如果每个人都这样，你们就能省下一大笔餐费了。但是，说真的，这说明你们的食物制作或供应存在一些问题。如果只是偶尔一个人不去餐厅，这有什么关系呢？但如果这种情况经常发生，你们就要想办法做出改进了。"

比尔德：我想你可能不太喜欢例行检查？

兰格：我们第一次例行检查的时候都很认真，但之后往往会漫不经心起来。在对飞机进行例行检查时，你要确保襟翼升起，

专注力

节流阀打开，防冰装置关闭。如果下雪的时候防冰装置关闭了，飞机就会坠毁。

你在例行检查时最好能获得一些定性的信息。例如，"请注意天气状况。根据这些情况，防冰装置应该是开还是关？"或者，"病人的肤色和昨天的有什么不同？"如果你能问一些有助于提升专注力的问题，就可以把人们带入当下的情境，并且更有可能避免发生事故。

顺便说一句，专注的、定性的评价也有助于促进人际关系。如果你想赞美别人，"你看起来很棒"的效果远不及"今天你的眼睛很有光彩"。当你专注地说出后一句话时，人们会对你的赞美表示认可和感激。

专注力和聚焦

比尔德：自从您开始研究专注力，商业环境已经发生了很大的改变，变得更加复杂和不确定。我们不断地获得新的数据和分

析结果。因此，专注力对于驾驭混乱状态变得更加重要，但是混乱也让专注变得更加困难。

兰格：我认为混乱是一种知觉。人们都在谈论信息过剩，我却认为现在的信息并不比以前多。不同的是，人们觉得自己必须知道这些信息，他们认为拥有的信息越多，产品就会越好，公司就越能赚钱。我认为成功与否并不取决于一个人拥有多少信息，而在于他接收信息的方式。这需要我们保持专注力。

比尔德：科技怎样改变着我们的专注力？是推动还是阻碍？

兰格：我要再次指出，一个人可以在任何事情上保持专注力。我们在研究多任务处理时发现，如果你能保持开放，打破局限，就可以获得优势。你从一件事中获取的信息可以帮助你处理另一件事情。我认为我们应该把科技看成很有趣、很吸引人的东西并从中学习，然后将其运用到我们的工作当中。

比尔德：《哈佛商业评论》最近发表了一篇关于聚焦重要性的文章，作者丹尼尔·戈尔曼（Daniel Goleman）在文中谈到了探索和利用的必要性。去发现新事物时，你如何在专注力和认真做

事的能力之间取得平衡呢?

兰格:当你处于警戒状态,或密切关注某事的时候,可能就会缺乏专注力。当我骑着马在树林中快速奔跑时,我会注意躲闪,不让树枝划到脸,但这时我可能就会忽略地上的大石头,结果马被绊倒,我也摔了下来。但我想丹尼尔所说的"聚焦"不是这个意思。你需要保持一种"软开放"的状态——认真做事情,但不要只关注一点,否则就会错过其他的机会。

比尔德:现在管理界对专注力的讨论越来越多。您什么时候意识到自己研究数十年的想法已经成为主流?

兰格:在一次聚会上,有两个人分别走到我的面前,说:"您的'专注力'无处不在。"当然,我刚看过一部新电影,影片开始时,一些人在哈佛广场上到处询问什么是专注力,结果没人知道。所以,我们还有很多工作要做。

比尔德:您下一步打算做什么?

兰格:兰格专注力研究所立足于三个领域:健康、抗衰老和职场。在健康方面,我们致力于推进身心一体的概念。几年前,我们对家庭女佣做过研究，并告诉她们可以在工作中得到运动，结果她们的体重都减轻了。我们还对视力测试的结果进行了研究，发现当人们从底部的大字母开始辨认时，"看见"的自信心能得到提升，这样他们就能更好地辨识出上面更小的字母。现在，我们正在尝试使用一种专注力疗法来治疗许多人们认为无法控制的疾病，看看能否改善一些症状。我们还从墨西哥的圣米格尔-德阿连德出发，在世界各地推广逆时针静修法，利用研究验证的技巧，帮助人们勇敢地生活。我们正在与 Thorlo 和 Santander 等公司、美国援外合作署和佛蒙特能源行动网络等非政府组织合作，就工作和生活的整合、专注的领导力和战略流程、减压和创新等问题举办研讨会并提供咨询。

有人说，我总是能想出新点子，让我的学生为之狂热。我想为孩子们举办一个训练专注力的夏令营。其中一项练习是把 20 个孩子分到一组，然后不断地对他们进行细分——男性/女性、年轻/年长、深色头发/浅色头发、穿着黑色/其他颜色的衣服，直到孩子们意识到每个人都是独一无二的。正如我 30 年来一直说的，减少偏见的最佳方式就是增强区别度。我们还会做游戏，并在游戏进行到一半的时候将各队重新分组，或者我们让每个孩子都有机会重写游戏规则，从而使他们意识到，个人表现只是在特定情况下显现出来的能力。比如，如果他们设定的规则是有三次发球机会，我在打网球的时候就会有更好的表现。

比尔德：关于专注力，您希望每位管理者都牢记于心的一件事是什么？

兰格：这听起来可能有些陈腐，但我深信不疑：生活是由无数个瞬间组成的，仅此而已。所以如果你让每一刻都变得有意义，生活就会有意义。你可以专注，也可以不专注。你可以赢，也可以输。最糟糕的情况是你既缺乏专注力，又失败了。所以无论做什么事情，都请保持专注，注意新的事物，并加以利用，让它帮助你成功。

作者简介

埃伦·兰格

博士，哈佛大学心理学教授，兰格专注力研究所创始人。

艾利森·比尔德

《哈佛商业评论》的高级编辑。

克里斯蒂娜·康格尔顿（Christina Congleton） 文

布里塔·K.霍尔泽（Britta K. Hölzel）

萨拉·W.拉扎尔（Sara W. Lazar）

专 注 力 可 以 改 变 你 的 大 脑

商界中现在很流行谈论"专注力"。但也许你不知道，推动这股潮流的背后力量是自然科学。最新研究已经有力地证明，通过练习如何不带偏见、专注于当下，我们就能够改变自己的大脑。在当今复杂商界中工作的任何人（当然也包括每一位领导者）都应该了解这些改变大脑的方式。[1]

我们在2011年进行了相关研究，并让参与者完成了一个为期8周的专注力项目。[2]我们观察到他们的大脑灰质密度出现了明显的上升。此后几年里，世界各地的神经科学实验室也相继对冥想法进行了研究，并试图找出这种专注力练习法以何种方式改变了我们的大脑。今年，来自英属哥伦比亚大学和开姆尼茨工业大学的一组科学家汇集了20多项研究的数据，以确定大脑的哪些区域会持续地受到影响。[3]他们至少发现了8个不同的区域。在这里，我们将重点讨论其中2个与商界人士尤其相关的区域。

第一个是位于前额深处、大脑额叶后面的前扣带皮层。前扣带皮层与自我调节能力息息相关，它能够有针对性地引导注意力和行为方式，抑制不适当的下意识反应，并且灵活地切换策略。[4] 前扣带皮层受损的人会表现出放肆无礼和不加克制的攻击性，该区域与其他大脑区域之间连接受损的人会在思维灵活性测试中表现不佳：他们会固守无效的解决策略，而不知道调整自己的行为。[5] 另外，冥想者在自我调节的测试中表现得优于非冥想者，他们更能抵抗干扰，并且做出的回答正确率更高。[6] 冥想者的前扣带皮层也比非冥想者的表现得更活跃。[7] 除了自我调节功能，前扣带皮层还可以帮助我们从过去的经验中学习并获得最佳决策。[8] 科学家指出，在面对不确定和快速变化的情况时，前扣带皮层可能尤其重要。

我们要重点指出的第二个区域是海马体。在我们2011年的专注力研究中，项目参与者的这个脑部区域显示出灰质增加的现象。这个海马形状的区域位于大脑两侧的太阳穴深处。它是大脑边缘系统的一部分，边缘系统是一组与情感和记忆相关的内部结构。海马体被应激激素皮质醇的受体覆盖。研究表明，长期的压力会对海马体造成损害，导致体内出现一连串的恶性循环。[9]的确，抑郁症和创伤后应激障碍相关疾病患者的海马体往往较小。[10]所有这些都表明了这个脑区在专注力方面的重要性，专注力是在当今竞争激烈的商界中立足的另一项关键技能。

这些发现只是个开端。神经科学家还指出，专注力的练习可以影响与认知、身体知觉、疼痛耐受性、情绪调节、内省、复杂思维以及自我意识相关的大脑区域。虽然我们还需要通过更多的研究来记录这些变化，以了解其背后的机制，但目前已经有越来越多的证据证明了这一点。

管理者不应该只是觉得专注力"还不错"，而应视其为"必备能力"。专注力可以让我们的大脑保持健康，帮助我们进行自我调节并做出有效的决策，并且保护我们免受不良压力的毒害。专注力可以和一个人的宗教或精神生活相融合，也可以被当作一种世俗的精神训练形式来实践。当我们坐下来,深呼吸,进入一种专注的状态,尤其是当我们的同伴也这么做时,我们就拥有了改变的潜力。

作者简介

克里斯蒂娜·康格尔顿

轴心领导力(Axon Leadership)公司的领导力和变革顾问,曾在马萨诸塞州总医院和美国丹佛大学进行压力和大脑研究。她拥有哈佛大学人类发展和心理学硕士学位。

布里塔·K.霍尔泽

通过核磁共振研究来探索专注力实践的神经机制。她曾在麻省总医院和哈佛医学院担任研究员,目前在慕尼黑工业大学工作,并拥有德国吉森大学心理学博士学位。

萨拉·W.拉扎尔

马萨诸塞州总医院精神科的副研究员,也是哈佛医学院的心理学助理教授。她的研究重点是阐明瑜伽和冥想能够在临床环境和健康个体中发挥有益作用的神经机制。

注释

1. S. N. Banhoo, "How Meditation May Change the Brain," *New York Times*, January 28, 2011.
2. B. K. Hölzel et al., "Mindfulness Practice Leads to Increases in Regional Brain Gray Matter Density," *Psychiatry Research* 191, no. 1 (January 30, 2011): 36–43.
3. K. C. Fox et al., "Is Meditation Associated with Altered Brain Structure? A Systematic Review and Meta-Analysis of Morphometric Neuroimaging in Meditation Practitioners," *Neuroscience and Biobehavioral Reviews* 43 (June 2014): 48–73.
4. M. Posner et al., "The Anterior Cingulate Gyrus and the Mechanism of Self-Regulation," *Cognitive, Affective, & Behavioral Neuroscience* 7, no. 4 (December 2007): 391–395.
5. O. Devinsky et al., "Contributions of Anterior Cingulate Cortex to Behavior," *Brain* 118, part 1 (February 1995): 279–306; and A. M. Hogan et al., "Impact of Frontal White Matter Lesions on Performance Monitoring: ERP Evidence for Cortical Disconnection," *Brain* 129, part 8 (August 2006): 2177–2188.
6. P. A. van den Hurk et al., "Greater Efficiency in Attentional Processing Related to Mindfulness Meditation," *Quarterly Journal of Experimental Psychology* 63, no. 6 (June 2010): 1168–1180.
7. B. K. Hölzel et al., "Differential Engagement of Anterior Cingulate and Adjacent Medial Frontal Cortex in Adept Meditators and Non-meditators," *Neuroscience Letters* 421,

no. 1 (June 21): 16–21.

8. S. W. Kennerley et al., "Optimal Decision Making and the Anterior Cingulate Cortex," *Nature Neuroscience* 9 (June 18, 2006): 940–947.

9. B. S. McEwen and P. J. Gianaros. "Stress- and Allostasis-Induced Brain Plasticity," *Annual Review of Medicine* 62 (February 2011): 431–445.

10. Y. I. Sheline, "Neuroimaging Studies of Mood Disorder Effects on the Brain." *Biological Psychiatry* 54, no. 3 (August 1, 2003): 338–352; and T. V. Gurvits et al., "Magnetic Resonance Imaging Study of Hippocampal Volume in Chronic, Combat-Related Posttraumatic Stress Disorder," *Biological Psychiatry* 40, no. 11 (December 1, 1996): 1091–1099.

拉斯马斯·霍高（Rasmus Hougaard） 文

杰奎琳·卡特（Jacqueline Carter）

如 何 在 工 作 中 保 持 专 注

你可能对这种感觉再熟悉不过了：你带着清晰的全天规划走进了办公室，但好像只过了那么一瞬，就已经到了回家的时间。有时近十个小时过去了，而你只完成了最要紧的几件事情。更有可能的是，你甚至想不起来这一整天都做了些什么。如果你也有同感，不要烦恼：不是只有你这样。研究表明，人们醒着的时候大概有47%的时间都心不在焉，没有专注于自己正在做的事情。[1]换句话说，我们许多人都开启了"自动驾驶"模式。

　　此外，我们已经进入了许多人所谓的"注意力经济"时代，保持注意力集中的能力已经和技术或管理技能一样重要。而且，由于领导者必须能够吸收和整合越来越多的海量信息，以便做出正确的决策，所以他们尤其受到这种新兴趋势的冲击。

　　好在我们可以通过专注力练习来训练大脑更好地集中注意力。根据我们与250多个组织中数千名领导者的接触经验，一些指导原则可以帮助我们成为更专注的领导者。

首先，正确开启你的一天。研究人员发现，我们在醒来后几分钟内释放的应激激素最多。[2] 为什么呢？因为面对眼前的一天，我们会触发奋斗或逃避的本能，并释放皮质醇到我们的血液中。但你可以试着这样做：当你醒来时，在床上躺两分钟，这个过程中只关注你的呼吸。当一天的想法涌进你的脑海时，不要管它们，重新回到你对呼吸的关注中。

接下来，当你抵达办公地点时，不要立即进入工作状态，请先在办公桌前或在你的车里停留10分钟，并通过下面简短的专注力练习来刺激你的大脑。闭上眼睛，放松，坐直。把你的全部注意力集中在你的呼吸上，并在此过程中持续保持注意力：吸气，呼气；吸气，呼气。为了将注意力集中在呼吸上，你在每次呼气时都要默数。每当发现走神的时候，你就让自己的关注点重新回到呼吸上来，这样就能收回分散的注意力。最重要的是，你要让自己享受这段时间。在接下来的一天里，其他人和紧急事件都会争夺你的注意力。但在这10分钟里，你的注意力完全属于你自己。

当你完成这个练习并着手工作时，专注力可以帮助你提高效率。有两种能力可以定义专注的思维状态："聚焦"和"觉知"。前者就是关注当前事务的能力，觉知能力可以在不必要的干扰出现时对其进行识别和驱散。我们要明白，专注力不仅仅是一种静坐练习，它还可以使我们的头脑变得更敏锐、更清晰。有效的专注力可以消除多任务处理的错觉。专注的工作意味着从你进入办公室的那一刻起，你就将聚焦和觉知能力运用到你所做的每一件事上。关注你手头的任务，当内外干扰出现时，你要有所意识并驱散这些干扰。通过这种方式，专注力可以帮助你提高效率，减少错误，甚至增强创造力。

为了更好地理解聚焦和觉知能力的作用，我们以电子邮件成瘾症为例，这是一件几乎令我们所有人困扰的事情。电子邮件能够吸引我们的注意力，并将我们的注意力转移到低优先级的任务上，因为这些小而且可以迅速完成的任务会在我们的大脑中释放多巴胺这种令人愉悦的激素，致使我们对电子邮件上瘾，并影响我们的注意力。因此，你打开收件箱的时候要保持专注，把注意力集中在重要的事情上，并且可以觉察、过滤无用的噪声。为了让你的一天有一个更好的开始，请不要一早起来就去查看邮件。这样做可以让你在一天中最有可能激发专注力和创造力的时段里避免被无关紧要的事情分散注意力。

在接下来的时间里，连续的会议通常是不能避免的，而专注力可以帮助你，使会议时间更短、更高效。为了避免在参加会议时心不在焉，请花两分钟的时间来练习专注力，你也可以在中途做这件事情。更好的方法是，在会议的前2分钟保持安静，让每个人都能全身心地投入进来。如果可能的话，请提前5分钟结束会议，使所有的参会者能有一个过渡时间，好将专注力转移到下一项工作中。

随着时间的推进，你的大脑开始疲劳，这时专注力可以帮助你保持敏锐，避免做出糟糕的决策。午饭后，请在你的手机上设置一个计时器，每小时响铃一次。当计时器响起时，你就停止当前的工作，做 1 分钟的专注力练习。这些有意识的间歇可以避免你进入"自动驾驶"模式并赋予你行动力。

最后，当一天结束，你开始回家的时候，请在乘车过程中至少用 10 分钟的时间来练习专注力。关掉你的手机，切断你的思路，让自己放松下来，不要去想任何事情，只关注你的呼吸。这样做会让你释放一天的压力，恢复到更好的状态与家人相处。

专注力的运用并不是要你在慢动作中生活，而是让你在工作和生活中提高聚焦能力和觉知意识，排除干扰，不偏离个人和组织目标的轨道。掌控自己的专注力：用 14 天的时间来测试这些技巧，静观其效。

作者简介

拉斯马斯·霍高

全球领先的专注力解决方案公司 Potential Project 的创始人和常务董事。他与杰奎琳·卡特合著了《提前一秒：用专注力提升你的工作表现》（*One Second Ahead: Enhance Your Performance at Work with Mindfulness*）一书。

杰奎琳·卡特

专注力解决方案公司的合作伙伴，并与世界各地的企业领导者有过合作，包括索尼、美国运通公司、加拿大皇家银行和毕马威会计师事务所的高管。

注释

1. S. Bradt, "Wandering Mind Not a Happy Mind," *Harvard Gazette*, November 11, 2010.
2. J. C. Pruessner et al., "Free Cortisol Levels After Awakening: A Reliable Biological Marker for the Assessment of Adrenocortical Activity," *Life Sciences* 61, no. 26 (November 1997): 2539–2549.

四

丹尼尔·戈尔曼（Daniel Goleman）｜ 文

人人适用的恢复力培养守则

培养恢复力的方法有两种：一是与自己对话，二是管好你的大脑。

对于遭受重大挫折的人，心理学家马丁·塞利格曼（Martin Seligman）曾在《哈佛商业评论》（2011年4月刊）一篇题为《培养恢复力》（*Building Resilience*）的文章中提供了建议：与自己对话。根据这种方法，你得干预自己的认知，并用乐观主义的态度对抗悲观主义者的思维方式。也就是说，你得挑战自己的悲观想法，然后用积极想法加以替换。

漫漫人生中，重大挫折毕竟不多见。

不过，话说回来，每位领导者的生活中都难免出现这样那样的烦心事，有时是出现恼人的错误，有时是自己工作上遇到小挫折。无论如何，恢复力都是"以不变应万变"的关键所在。只不过在日常情境下，培养恢复力的方法也应有所变通：我们得管好自己的大脑。

大脑从日常烦恼中恢复过来的方法非常特别。只需一点点努力，你就能让大脑升级换代，从生活的低潮期中切换出来。

每当我们在气头上说出或做出不合时宜的事时（这种体会应该人人都有吧？），就证明脑部的杏仁核已被神经中枢劫持。神经中枢位于前额皮质，相当于大脑的指挥中心。杏仁核相当于大脑的雷达系统，负责探查周围环境中的危险。一旦发现危险，杏仁核就会激发"战斗或逃跑"反应。因此，从本质上说，一个人能越快地从杏仁核被劫持的状态中恢复过来，这个人的恢复力就越强。

威斯康星大学神经科学家理查德·戴维森（Richard Davidson）称，让我们重整旗鼓、聚精会神的脑回路主要集中于前额皮质的左侧区域。他还发现，情绪低落时，人类大脑前额皮质右侧区域的活动显著增强。换言之，只要看看大脑左右区域的活动强度变化，就能预测我们每个人日常心情的转换：右侧活动增强时，我们更易怒；左侧活动增强时，我们则能更快地从各类负面情绪中恢复过来。

为了探索如何在职场中更好地应用这一研究结果，戴维森联手美国马萨诸塞州大学医学院冥想专家乔恩·卡巴特–津恩（Jon Kabat-Zinn），与一家全年无休、工作强度大的生物科技企业展开合作，向这家企业的员工教授正念技巧。正念是一种专注力训练，学员将学习如何控制自己的大脑，将注意力全然聚焦于当下，并且不做任何反应。

卡巴特–津恩提供的指导原则非常简单。

1. 找一个安静、隐秘的地方，让自己享有不被打扰的若干分钟时间。例如，可以关上办公室的门，并将手机调成"静音"模式。

2. 以一个舒适的姿势坐好，保持背部挺直且放松。

3. 感受呼吸，在每一次深而长的呼吸之后，再进行一次深而长的呼吸。

4. 不要刻意改变呼吸的方式。

5. 不要理会闯进脑中的想法、声音。让它们自然消失，再将注意力拉回到呼吸上来。

对这家企业员工进行的脑电图监测结果显示，经过历时 8 周、平均每天半小时的正念训练，员工的脑部活动由原先的右侧活跃（代表压力），逐渐转变为左侧活跃（代表恢复力）。更让人惊奇的是，这家企业的员工纷纷表示，自己回忆起了热爱这份工作的初心。也就是说，他们重新找回了当初让他们全身心投入这份工作中来的动力。

为了最大限度地获得正念带来的益处，建议每天进行 20—30 分钟的练习。不妨把正念当作一种针对心灵的日常修习。拥有专业的指导固然十分有益，但最关键的还是要将正念当作每天的例行习惯加以实践。（甚至有一种专业正念训练教人们如何在长途驾驶过程中进行练习。）

即便是作风强悍的企业高管，也越来越青睐于正念训练。一些正念训练中心为商务人士开设了专门课程，如亚利桑那州的高端休闲中心米拉瓦度假酒店和马萨诸塞大学医学院开设的"正念领导力"系列课程。过去几年来，谷歌大学①也一直在向其员工提供正念训练课程。

问题是，借助正念训练培养恢复力真能给人带来好处吗？对表现出众的高管来说，压力的负面影响有时难以察觉。我的两位同事理查德·博亚茨（Richard Boyatzis）和安妮·麦基（Annie McKee）认为，通过问自己这样一个问题，有助于企业高管大致辨认出自己是否受到压力："我是否隐约感到不安、躁动，或觉得生活没那么美好（即比'生活让我十分满意'差了点儿）？"如果答案是肯定的，那么一点儿正念训练将有效帮助我们平复心境。

---

① 谷歌大学（Google University），谷歌公司为员工打造的技术学习与课程分享平台。——译者注

作者简介

丹尼尔·戈尔曼

美国罗格斯大学情商研究学会主任，曾与安妮·麦基（Annie Mckee）等合著《情商4：决定你人生高度的领导情商》（*Primal Leadership: Learning to lead with Emotional Intelligence*），并独立撰写《情商：为什么情商比智商更重要》（*The Brain and Emotional Intelligence: New Insights*）一书。（此两本书收录于中信出版社2018年出版的"情商系列"。）

五

苏珊·戴维（Susan David）

克里斯蒂娜·康格尔顿（Christina Congleton）

文

情 绪 灵 活 性

我们平均每天要说出口的词语有 16 000 个之多，试想还有多少话闪过我们的脑海，却没有被说出口。这些话语大多无关事实，而是与情绪交织在一起的评价和判断。有些是积极、有益的，比如"我付出了很多努力，这次报告一定能取得成功""这个问题值得一提""新上任的副总裁看上去很有亲和力"。还有一些评价和判断则比较消极，比如"他故意无视我的存在""我要出丑了""我是个冒牌货"。

　　人们普遍认为，职场中不应该出现不良情绪。高管（尤其是领导者）应该坚忍克制，或者乐观开朗；他们必须投射出一股自信，并压抑住内心的消极情绪。然而，这样做有悖于基础的生物学理论。所有健康的人内心都充斥着各种各样的思想感情，其中包括批评、怀疑和恐惧。这只是我们的大脑在发挥其特有的作用，即预测、解决问题，并避免潜在的陷阱。

　　在为世界各地的公司提供人员战略咨询服务的实践中，我们发现领导者被绊住的时候，不是因为他们有了不良的情绪——这是在所难免的，而是因为他们被这些情绪"钩住"了，就像上钩的鱼儿。这种情况会产生两种结果。一种是，他们把这些想法认定为事实（"我上一份工作也是如此……我的整个职业生涯就是一个败笔"），并产生了逃避的心理（"我不想接受新的挑战"）。另一种结果是，他们受到支持，挑战这些想法，并试图将其合理化（"我不应该有这样的想法……我知道我不是一个彻底的失败者"），或强迫自己面对类似的情境，即使这些情境违背了他们的核心价值观和目标（"接受这个新任务吧，你必须克服这个难关"）。无论是哪种情况，他们的内心都过于纷乱，这损耗了原本可以被更好利用的重要认知资源。

这是一个普遍的问题，热门的自我管理策略中都会有所涉及。我们经常看到管理人员在工作中一再出现情绪问题，包括对亟待解决的事项感到焦虑；嫉妒他人的成功；害怕被人拒绝；因被忽视而感到痛苦。他们想方设法"解决"这些问题，例如做出积极的肯定态度；按

　　　　　　　　　　　　专注力

优先级排列任务清单；全身心地投入某些工作。但当我们问到他们的情绪问题持续了多长时间时，他们的回答可能是 10 年、20 年，或者从童年就开始了。

由此可见，那些方法并不是解决之道。事实上，大量的研究表明，当我们试图最小化或忽视某些想法和情绪时，结果反而扩大了它们的影响。在已故哈佛大学教授丹尼尔·韦格纳（Daniel Wegner）主持过的一项著名研究中，那些被告知不要去想"白熊"的参与者发现自己很难做到不想；后来，当禁令解除时，他们想到"白熊"的频率要远远高于对照组。任何一个在减肥时幻想巧克力蛋糕和炸薯条的人都有这种体会。

卓有成效的领导者不会笃信或试图压抑他们的内心体验。相反，他们会保持专注，并以价值观为动力，富有成效地应对这些情绪，从而发展出我们所谓的"情绪灵活性"。在这个纷繁复杂、极速变化的知识经济时代，商界人士获得成功的关键在于他们能管理好自己的想法和情绪。伦敦大学教授弗兰克·邦德（Frank Bond）等人进行的大量研究表明，情绪灵活性可以帮助人们减轻压力、减少错误、变得更具创新性，并提升人们的工作表现。

我们已经与各行各业的领导者展开合作，致力于构建这项关键的技能。我们在这里提供4种方法。这些方法均由"接受与承诺疗法"（acceptance and commitment therapy, ACT）演变而来，该疗法最初由内华达大学心理学家史蒂文·C. 海斯（Steven C. Hayes）开发，旨在帮助人们克服不良情绪，其步骤如下：识别你的模式；给你的想法和情绪做出标示；选择接受；并按照自己的价值观行事。

受到束缚

我们先来研究两个案例。辛西娅是一名资深的企业律师，有两个年幼的小孩。她以前总是因错失机会而产生强烈的内疚感。在办公室，她的同事每周工作80个小时，而她每周工作 50 个小时；在家里，她常常因为心不在焉或太过疲惫而无法与丈夫和孩子们进行充分的交流。她脑海中总是响起一个恼人的声音，提醒她必须成为一名更好的员工，否则就有可能折戟职场；另一个声音则告诉她要做一个更好的母亲，否则她就会忽视家人。辛西娅希望至少有一个声音能够消失，但无济于事。结果是，她不但没能争取工作中出现的大好机会，而且在家人聚餐的时候依然无法阻止自己去查看手机消息。

杰弗里任职于一家顶尖的消费品公司。作为公司的明日之星，他遇到了另外一个问题。虽然聪明、有才华、有抱负，但他经常感到愤怒，有时是因为老板无视他的观点，有时是下属不服从指令，或同事没有尽责。他在工作中发过好几次脾气，并且受到上级告诫，上级要他控制自己的情绪。但当他试着这样做的时候，他觉得自己的核心人格受到了压抑，于是变得更加愤怒和不安。

这些聪明、成功的管理者都被他们的消极思想和情绪束缚。辛西娅深感内疚；杰弗里则满腹怒气。辛西娅想驱散那些声音；杰弗里极力抑制他的沮丧。两人都试图避免让自己感到不适。他们被内心的体验控制，同时也在试图控制自己的情绪，或者在受控和控制之间徘徊。

挣脱束缚

幸而辛西娅和杰弗里都意识到，他们必须借助有效的精神战术，否则他们可能就会崩溃——至少不会成功和快乐。我们给出了指导方案，教他们采取 4 种做法。

识别你的模式

培养"情绪灵活性"的第一步是，当你被自己的想法和情绪束缚时，你要能意识到。尽管这很难做到，但我们也有一些明显的迹象可循。其中一个迹象就是你的思维变得僵化、反复。例如，辛西娅发现她的自责感就像一张坏掉的唱片，重复播放着同样的讯息。另一个迹象是，你的大脑似乎总在旧事重提，就像过去经历的重演。杰弗里注意到他对某些同事的态度似曾相识，比如"他不称职""我绝不允许任何人那样对我说话"。事实上，他在之前的工作中也有过类似的体验。造成困扰的根源不只是杰弗里所处的环境，还有他自己的思维和感觉模式。你必须意识到你的困境才能有所改变。

给你的想法和情绪做出标示

当你被想法和情绪裹挟时，你的注意力全在于此，无处逃遁。有一种方法可以帮助你更客观地看待你的处境，那就是给你的想法和情绪做出标示，就好像你把铁锹叫作铁锹，把想法叫作想法，把情绪叫作情绪一样。"我在工作或家庭中做得不够"就变成了"我有一个'我在工作或家庭中做得不够'的想法"。同样，"我的同事做错了，他让我感到愤怒"变成了"我有一个'我的同事做错了，他让我感到愤怒'的想法"。做出标示的方法可以让你的想法和情绪得到还原，其实它们只是一些或有用或无用的短暂数据源。人们可以像坐在直升机里那样，从一定的心理高度俯瞰自己的个人体验。越来越多的科学证据表明，这种简单、直接的专注力练习不仅能够提升人们的行为方式和幸福感，还能促使大脑和细胞层面产生有益的生物性变化。当辛西娅开始放慢脚步，给自己的想法做出标示，那些曾像浓雾一样压在她身上的自责感，变得更像是天空中飘然而过的白云。

选择接受

　　"控制"的反面是"接受"：不是把每一个想法都付诸行动，也不是让自己陷入消极，而是以开放的态度对待你的想法和情绪，给予关注，并从中获得体验。做 10 次深呼吸，注意当下正在发生的事情。这会让你感到放松，但不一定有愉悦感。事实上，你可能会发现自己非常沮丧。重要的是要对自己（和他人）表现出同理心，并对现实情况加以审视，看看内心深处和外部环境都发生了什么变化。如果杰弗里能认识到自己的沮丧和愤怒情绪，并选择接受，而非抗拒、压抑或将愤怒发泄到别人身上，那么他就可以看到这些情绪中积聚的势能。这是一个信号，表明一些重要的事情处于危急关头，需要杰弗里采取有效的行动。他可以向同事提出明确的要求，或者在紧迫的问题上迅速采取行动，而不是对别人发脾气。杰弗里越能接受自己的愤怒，并怀着一颗好奇心去面对这种情绪，他就越能强化，而不是削弱自己的领导力。

按照自己的价值观行事

在你从不良的想法和情绪中挣脱出来后，你就有了更多的选择。你可以按照自己的价值观行事。我们希望领导者关注"有效性"的概念：你的应对方法是否在短期和长期内都能对你和你的组织有益？是否能帮助你引导他人朝着你设定的共同目标前行？你的做法是否有助于你成为最想成为的领导者，过上你最想过的生活？思想之流无休无止，情绪也像天气一样千变万化，但我们可以在任何时候、任何情况下按照自己的价值观行事。

当辛西娅想到她的价值观时，她意识到了自己对家庭和工作如此投入。她喜欢和孩子们在一起，同时也热衷于追求正义。她从纷扰和令人沮丧的负罪感中解脱出来，决心以自己内心的原则为导向。她意识到，每晚回到家中与家人共进晚餐，并在这段时间里抵制工作的干扰，这多么重要。但她也接受了一些重要的差旅任务，几次出差时间与她原本想要参加的学校活动时间冲突了。她按照自己的价值观行事，而不仅是被情绪控制。最终，辛西娅获得了平静和成就感。

我们不可能把不良的想法和情绪挡在外面。卓有成效的领导者会关注自己的内心体验，但不会深陷其中。他们知道如何释放自己的内在资源，并采取与他们的价值观相符的行动。"情绪灵活性"的培养不是一朝一夕的

专注力

事情。即使是像辛西娅和杰弗里这样坚持按照我们的步骤练习的人，也会经常发现自己受到了情绪的支配。但经过一段时间，在领导者越来越善于利用这一技能后，他们就会成为最有可能获得成功的人（参见专栏《你的价值观是什么》）。

作者简介

苏珊·戴维

实证基础心理学首席执行官、指导学院联合创始人、哈佛大学心理学讲师。

克里斯蒂娜·康格尔顿

轴心领导力（Axon Leadership）公司的领导力和变革顾问，曾在马萨诸塞州总医院和美国丹佛大学进行压力和大脑研究。她拥有哈佛大学人类发展和心理学硕士学位。

你 的 价 值 观 是 什 么

这份列表来自美国新墨西哥大学的 W. R. 米勒（W. R. Miller）、J. C. 德巴卡（J. C. de Baca）、D. B. 马修斯（D. B. Matthews）和 P. L. 威尔伯恩（P. L. Wilbourne）在 2001 年开发的"个人价值观类型卡"。你可以通过本列表快速识别你的价值观，从而判断如何解决工作上面临的挑战。下一次你在做决定的时候，不妨自问，你的决定是否符合这些价值观。

准确	责任	正义	务实
成就	家庭	知识	负责
权威	宽恕	安逸	冒险
自主	友谊	通达	安全
关心	乐趣	节制	自觉
挑战	慷慨	不墨守成规	服务
舒适	真诚	开放	天真
同情	成长	秩序	安定

贡献	健康	热情	宽容
合作	乐于助人	受欢迎	传统
礼貌	诚实	权力	财富
创意	谦逊	目标明确	
可靠	幽默	理性	

六

达谢·凯尔特纳（Dacher Keltner）｜ 文

不 要 因 权 力 而 腐 败

在过去20年的行为研究中，我发现了一个令人不安的现象：虽然人们一般都通过利他的品质和行动（如同情、合作、开放、公平和共享）来获得权力，但当他们大权在握或享受特权的时候，这些品质就会逐渐消退。有权势的人更容易表现得粗鲁、自私、不道德。19世纪的历史学家兼政治家阿克顿勋爵说得没错：权力导致腐败。

我把这种现象称为"权力悖论"，并且在很多情形下研究过这种现象，其中包括大学、美国参议院、专业运动队，以及其他的职场环境。我观察到，在每一种情形中，人们的成功都建立在良好品质的基础上，但随着地位的上升，他们的行为变得越来越糟糕。这种转变可能发生得非常快，令人惊讶。在我的一项名为"饼干怪"的实验中，我让人们三个一组进入实验室，并随机指定一个组长，然后给他们小组分配了一项写作任务。半小时后，我把一盘刚烤好的饼干放在他们的面前，饼干人人有份，另外还多出一块。在所有的小组中，每个组员都只拿了一块饼干，并出于礼貌不去动第二块。问题来了：谁会在明知只有一个人可以吃到两块饼干的情况下去拿第二块呢？结果，几乎总是那个被任命为组长的人这样做了。另外，组长在吃饼干时更有可能张大嘴巴，吧唧嘴唇，并把碎屑掉在衣服上。

研究表明，财富和资历也会产生类似的影响。在另一项实验中，我和加利福尼亚大学欧文分校的保罗·皮夫（Paul Piff）发现，驾驶道奇小马车型和普勒茅斯卫星车型这两种廉价汽车的司机在人行横道上总是礼让行人，而驾驶宝马和奔驰等豪华汽车的人礼让行人的概率只有 54%；几乎有一半的时候，他们都无视行人和法律。针对 27 个国家的雇员调查显示，富人更有可能说受贿或逃税等不道德行为是可以接受的。蒙特利尔高等商学院的丹尼·米勒（Danny Miller）最近主持的一项研究显示，拥有 MBA（工商管理硕士）学位的首席执行官比没有MBA 学位的首席执行官更有可能出现利己行为，即增加他们的个人薪酬，却导致公司的市值下降。

这些发现表明，标志性的权力滥用是所有领导者都容易受到影响的不当行为的极端例子，比如安然公司前首席执行官杰弗里·斯基林（Jeffrey Skilling）财务造假；泰科国际前首席执行官丹尼斯·科兹洛夫斯基（Dennis Kozlowski）非法分红；意大利前总理西尔维奥·贝卢斯科尼（Silvio Berlusconi）的色情派对，以及投资商利昂娜·赫尔姆斯利（Leona Helmsley）的逃税行为。研究表明，公司中位高权重的人更倾向于打断同事，在开会时做其他事情，高声讲话，以及在办公室里说出侮辱性的话语，他们这样做的可能性是基层员工的三倍。我做的研究和其他的调研结果都表明，刚刚晋升高位的人尤其容易丧失美德。

这些影响非常深远。滥用权力的高管终会损失声誉，降低自己的影响力，还会给同事造成压力，带来焦虑，削弱团队的实力和创造力，并降低团队成员的参与度和绩效。在最近对 17 个行业的 800 名管理人员和员工进行的一项调查中，约有一半的受访者表示，如果自己在工作中受到粗暴对待，他们就会故意懈怠或降低工作质量。

那么，我们如何避免陷入权力悖论呢？答案是，通过意识和行动。

反思的必要

第一步是增强自我意识。你在升任高管后需要留意，伴随着刚刚获得的权力，你的感觉和行为出现了什么样的变化。我通过研究发现，权力会让我们进入一种类似躁狂的状态，让我们感到膨胀，精力充沛，无所不能，渴望回报，并且无视风险，从而更容易出现轻率、粗鲁和不道德的行为。但是神经科学的最新研究发现，通过对自己的想法和情绪（例如"嘿，我觉得我应该统治这个世界"）进行反思，我们就可以激活额叶的某些区域，抑制住最坏的冲动。当我们意识到并标示出这种快乐和自信的感觉时，我们就不太可能在其驱使下做出非理性的决定。如果我们认识到自己的恼怒（也许是因为下属的行为不符合我们的期望），就不太可能以对抗或冲突的方式做出回应。

你可以通过每天练习专注力来建立这种自我意识。一种方法是，你找一个舒适、安静的地方坐下来，深呼吸，专注于吸气和呼气的感觉、身体的感受，或者你周围的声音或景象。研究表明，只要每天花几分钟做这些练习，就可以让人们更加专注和冷静。正因为如此，谷歌、脸书、安泰保险、通用磨坊、福特和高盛等公司的培训项目都在教授这些技巧。

反思自己的行为和举止也很重要。你打断别人的讲话了吗？别人说话的时候你在看手机吗？你有没有讲过让别人尴尬或丢脸的笑话或故事？你在办公室里骂过人吗？你曾经把团队的成绩揽在自己名下吗？你会忘记同事的名字吗？你是不是比过去更爱花钱，或者更爱冒险？

如果其中有几个问题你给出了肯定的回答，那么请将其视为一个初期的警告，这表明你正想以一种傲慢的方式来展现权力，而这种做法存在问题。你觉得无关紧要的事情，可能会让你的下属受到伤害。我最近就听到了这样一件事。一个有线电视节目的创作团队，每到午餐时间，给团队成员分发三明治时会按照资历排序，这种做法真是多此一举。如果团队管理者不能纠正这一行为，该团队的凝聚力和创造潜力肯定会被削弱。与之形成对比的是，美国军方食堂采取了相反的做法。正如人种学家兼作家西蒙·斯涅克（Simon Sinek）的作品《团队领导最后吃饭》（*Leaders Eat Last*），军官也遵循了这一做法。他们这样做不是放弃权力，而是尊重他们的部队成员。

做个良善的领导者

不管你是否已经陷入权力悖论，都要牢记那些最初帮助你获得晋升的良善之举，并重复这样的行为。我在给高管和其他身居高位的人提供指导时，都会着重强调三点：同理心、感恩和慷慨。事实证明，即使是在最残酷的环境中，只要具备这三个基本特质，你都能成为一个良善的领导者。

例如，我和利安娜·布林克（Leanne ten Brinke）、克里斯·刘（Chris Liu）、萨米尔·斯里瓦斯塔瓦（Sameer Srivastava）发现，与那些在演说时盛气凌人、使用威胁性手势和语调的参议员相比，那些表情和语调更加温和的参议员提出的法案更容易获得通过。美国卡内基－梅隆大学的安妮塔·伍利（Anita Woolley）和麻省理工学院的托马斯·马隆（Thomas Malone）的研究同样表明，当团队成员以微妙的方式表示理解、投入、感兴趣和彼此关心时，这个团队就能够更加有效地处理棘手的分析型问题。

小小的感激之情也会带来积极的结果。研究表明，能够不经意地肯定彼此价值的浪漫情侣都不太可能分手；得到老师表扬的学生更有可能着手去解决难题；在一个新组成的团体中，能够对其他成员表达感谢的人，会在几个月之后更加热爱这个集体。沃顿商学院的亚当·格兰特（Adam Grant）发现，当管理者花时间感谢员工时，这些员工会更投入，效率也更高。我和耶鲁大学的迈克尔·克劳斯（Michael Kraus）对 NBA（美国职业篮球联赛）球队进行研究后发现，如果球员通过身体动作来表达感激之情，比如叩头、熊抱，以及撞臀或撞胸，队友往往能够表现得更加出色，每个赛季都能多赢两场（这在统计结果上具有重要意义，通常决定着球队是否能进入季后赛）。

简单的慷慨行为同样具有强大的作用。研究表明，如果你善于与其他团队成员进行分享，例如，贡献新的想法，或直接协助他人完成任务，那么你就会更受人尊重，更有影响力，也更适合担任领导职务。哈佛商学院的迈克·诺顿（Mike Norton）发现，当企业提供向慈善机构捐款的机会时，员工会更满足，效率也会更高。

如果你是老板，有责任确保事情顺利完成，你可能觉得自己很难一直遵循"良善权力"的道德规范。其实不然，只要找机会参与一些简单的社交活动，比如团队会议、客户推介或谈判、360 度绩效评估，你就能培养自己的同理心、感恩和慷慨特质。下文将给出一些建议。

展现同理心

- 在每一次交流中，提一两个很好的问题，并解释、重述别人提出的重点。
- 津津有味地倾听，身体和目光都朝向说话的人，并通过声音表示你很感兴趣，听得很投入。
- 当有人带着问题来找你时，请用"我很遗憾"和"这真是棘手"这样的话来表达你的关心，而不要急于做出判断或给出建议。
- 开会之前，花点时间考虑一下参会的人，想一想他们的生活出现了哪些变动。

阿图罗·贝哈尔（Arturo Bejar）是脸书的工程总监，

这位高管带领着一支由设计师、程序员、数据专家和作家组成的团队。在与之接触的过程中，我发现他总是把同理心放在首位。我观察过他的工作方式，注意到他召开的会议都倾向于围绕一连串开放式的问题展开，并且他会认真地倾听其他人的发言。他会朝讲话者微微前倾，同时用心地把每个人的想法记在笔记本上。这些表现同理心的方式让他的团队知道，他理解他们的忧虑，并希望和他们一起成功。

表达感谢

- 体贴地表达谢意，这是你与他人沟通的一部分。

- 及时给同事发送内容具体的邮件或短消息，感谢他们的出色工作。

- 公开感谢每个人（包括支持人员）为团队做出的贡献。

- 用适当的方式来庆祝成功，比如拍拍背，击拳或者举手击掌。

专注力

道格拉斯·科南特（Douglas Conant）是金宝汤公司的前首席执行官，他曾在整个公司中提倡一种感谢文化。科南特每天都和他的行政助理用一个小时的时间来浏览电子邮件和公司的内部网络，寻找那些正在给公司"带来改变"的员工，然后对他们的贡献一一表达感谢。从高管到维修工人，都收到过科南特亲自手写的感谢函。据他估计，在这10年的任期内，他每天至少写10封感谢函，总计约3万封。科南特说，他常看到员工把这些感谢函用大头针钉在他们工作的地方。我教授过的领导者还分享了其他一些策略：给员工送些小礼物；带他们吃一顿美味的午餐或晚餐；举办"月度最佳员工"的庆祝活动；建立真实或虚拟的"感恩墙"，员工可以在上面互相感谢彼此做出的特别贡献。

表现慷慨

　　• 寻找机会，花点时间，与你的下属进行一对一的交流。

- 委派下属做一些重要而又凸显成绩的工作。

- 慷慨地给予表扬。

- 不独占风头，把功劳归于所有促成团队和组织获得
  成功的人。

皮克斯动画工作室的总监皮特·多克特（Pete Docter）
很善于运用最后一项技能。我第一次和他合作电影《头
脑特工队》（*Inside Out*）时，很叹服他 5 年前在《飞屋环
游记》（*Up*）开头所展现的蒙太奇镜头，片中主人公卡尔
遇见并爱上了一个女孩艾丽；和她一起共度了漫长的婚
姻生活；然后看着她病倒，离开人世。当我问到他是如
何做到的时，他的回答是一份详尽的名单，上面列有与
他一起完成这项工作的 250 位作家、动画师、演员、故事
艺术家、设计师、雕塑家、编辑、程序员和计算机建模
师。当人们问起《头脑特工队》如何获得了票房成功时，
他也给出了类似的回答。与我共事过的另一位脸书高管、

产品经理凯利·温特斯（Kelly Winters）也以类似的方式将功劳归于他人。她在做PPT（演示文稿）演说或与记者谈论其团队取得的成绩时，总是列出或提到那些与其共同完成任务的数据分析师、工程师和内容专家。

你可以通过同理心、感谢和慷慨这三项美德来战胜"权力悖论"。这样做可以激励那些与你共事的人，使其展现出最好的工作状态和合作精神。你也会从中受益，收获良好的声誉和长期的领导能力，而且还会因为给他人带来了益处而感到满心愉悦。

作者简介

达谢·凯尔特纳

加利福尼亚大学伯克利分校的心理学教授，兼任至善科学中心主任。

七

玛丽亚·冈萨雷斯（Maria Gonzalez）| 文

无暇冥想的人如何训练专注力

专注力几乎成了一个流行语，然而，到底什么是专注力呢？简单地说，专注力就是每时每刻，无论环境如何，都能活在当下，并保持自觉意识。

例如，研究人员发现，练习专注力可以让大脑变得更加理性，并减少情绪波动。经过专注力训练的冥想者在面临决策的时候，大脑岛叶（与理性决策相关的区域）的活动有所增强，从而使他们能够基于事实而不是情绪来做决定。这是一个好的现象，因为其他研究发现，推理过程中其实充斥着情绪化的东西，理性和情绪是密不可分的。此外，我们对人、事物和想法的积极、消极感觉比我们有意识的思维来得更快，仅仅发生于几毫秒之内。我们把危险的信息推开，并将友好的信息拉近。我们不仅可以用"战斗或逃跑"策略应对捕食者，也能将其应用于数据本身。

你可以通过一些特定的技巧来练习专注力，并从中获益。你可能听说过一种提高专注力的方法，那就是在迎接一天的任务之前先冥想一段时间，这样做绝对值得。但我更喜欢随时随地练习专注力，从根本上开始用心地生活。久而久之，你在进行正式的专注力练习时就会感觉这和演讲、谈生意、开车、健身或打高尔夫球无二了。

请尝试一种技巧，我称之为"微冥想法"。你可以一天练习几次，每次 1—3 分钟。每隔一段时间，就关注一下你的呼吸。当我们有太多的事情要做而时间有限时，可能就会感到有压力或不堪重负，或者发现自己变得越来越心烦意乱、焦躁不安。

首先，关注你的呼吸特征。深呼吸还是浅呼吸？你在屏息吗？可能屏息时还在收腹？你是不是在耸肩？

接下来，开始呼吸，把气息带进腹部。不要紧张，如果感觉太不自然，那就试着把气息压到胸腔下部。如果你思维走神了，那就慢慢地恢复呼吸，不要因为注意力一时不集中而批评自己。

你会注意到，通过定期的微冥想练习，你会变得更加清醒平静，并且发现自己越来越专注、冷静、聚精会神。你可以为自己创建提醒来练习冥想。你可以每天做2~4次，也可以每小时一次。还可以在开会之前，或者你觉得多任务处理正在侵蚀自己的注意力时练习——你可以在任何你认为可行的、合适的时间练习。微冥想可以让你回到正轨，帮助你增强专注力。

我应用的第二个技巧是"保持专注"。与其在你的日程中增加新的事项，不如用一种特殊的方式来体验你的一天，即每次花几秒钟的时间，不断地保持聚焦。

例如，如果你在开会的时候突然注意到，你刚刚几分钟因为"神游"而错过了会议内容，那么你很可能没有集中注意力。也许你在想下一个会议、接下来要做的每一件事情，或者收到的一条短信；也许你只是走神了，这是常有的事情。遗憾的是，无法专注当下的结果是使人们产生误解、错失机会和浪费时间。

下次开会时，试着每次都聚焦几秒钟。这听起来容易，做起来难，但是通过练习，你就可以不间断地保持聆听时的注意力了。当你发现自己走神时，请马上把思

七 无暇冥想的人如何训练专注力

维拉回来听讲话人的声音。在一次会议当中，你的注意力可能要转移几十次，这很正常。请永远平和且有耐心地把自己的思绪拉回来，通过训练让你的专注力保持在此时此地。

正如我说过的，这些技巧可以重新连线大脑，带来三个重要的转变。首先，你的注意力得到增强。其次，你看事情越来越清晰，越来越有判断力。再次，你会变得平静。平静的心态可以减轻你的生理和情绪压力，使你在面对问题时更有可能找到创造性的解决方案。

专注力的练习不需要花很多时间，也不需要特别的训练，就可以使你从中受益。现在就开启你的训练吧——此时此刻。

作者简介

玛丽亚·冈萨雷斯

Argonauta 咨询公司创始人兼首席执行官。她最新的一本著作名为《专注领导力：自我觉醒、自我改造和激励他人的九

种 方 法 》(*Mindful Leadership: The 9 Ways to Self-Awareness, Transforming Yourself, and Inspiring Others*)。冈萨雷斯最近推出了一款提升专注领导力的应用程序。

夏洛特·利伯曼（Charlotte Lieberman）｜文

当专注力成为产能工具时，我们失去了什么

我在大学三年级时克服了对苯丙胺的依赖，此后开始将专注力训练作为一种恢复手段。我之所以会对这种控制神经中枢的药物上瘾，是因为我认为使用苯丙胺来帮助我集中注意力并不是什么大不了的事情，美国有81%的学生都持这种态度。[1]

苯丙胺似乎只是一种高效、轻松地完成任务的捷径，并且看似无害。我仍然记得自己第一次服用苯丙胺的那个晚上多么疯狂。我逐页读完了老师指定的福克纳作品（这可不是件容易事），然后动笔写一篇论文，并且当晚完成，比截止日期提前了几周（为什么不呢？）。我还清扫了自己的房间（两次），并回复了所有的未读邮件（甚至是不相干的邮件）。同样值得一提的是，我整晚都忘了吃东西。不知怎的，我发现自己凌晨4点还没有睡。我的下巴紧咬着，肚子咕咕叫着，没有丝毫睡意。

我最初认为苯丙胺是提高注意力和工作效率的捷径，后来却发现这是一条自我毁灭的长路。我没有从自身做起培养注意力，而是把目光投向了自身之外，以为一粒药丸就能解决问题。

　　长话短说，我最终解决了自己的问题，戒掉了药物依赖，找到了一种方法来治愈我有点病态的自我怀疑，那就是冥想法，尤其是专注力（或内观）冥想。

　　科学证明，冥想可以提升专注力和工作效率，因此被媒体大肆宣扬。[2] 这对我来说有点讽刺，因为我反倒是用冥想法来缓解为了提高效率而产生的重压。虽然专注力并非一颗蓝色的小药丸，却被视为集中注意力和提高效率的捷径，好像具有早晨喝杯咖啡的效果。专注力本来是与个人成长和洞察力有关的智慧传统，现在却被人们当作职业发展和提高效率的工具。然而，专注力真的应该被当作实现特定目标的手段吗？把一种关于"存在"的东西看作另一种"实施"工具，这样可以吗？

　　企业似乎很认同冥想法的工具性。考虑到专注力的热潮，企业专注力项目在全国范围内出现激增也就不足为奇了。谷歌提供了《搜寻你的内心》课程，教授如何在工作中通过冥想获得专注力。正如戴维·盖利斯

（David Gelles）在出版的《用心工作》（*Mind Work*）一书中提到的，高盛、HBO电视网（有线电视网络媒体公司）、德意志银行、塔吉特和美国银行等公司，都在向员工兜售冥想法带来的效能优势。

职业运动员也开始关注以成绩为导向的专注力潮流，美国国家橄榄球联盟就是如此。《华尔街日报》2015年发布的一篇文章探讨了西雅图海鹰队在2014年超级碗比赛中获得的成功。文中解释说，该队的秘密武器是他们聘请了一位教授专注力的体育心理学家。海鹰队的助理教练汤姆·凯布尔（Tom Cable）甚至形容球队"非常专注"。

这篇文章写于2015年1月，比海鹰队在当年的超级碗比赛中失利早了1个月。在他们失败之后，我听到了一些熟人和家人（他们都是体育迷，没有练习过冥想，但对此有所了解）之间的对话，他们对通过冥想获得专注和成功的作用表示怀疑。我的意思是，如果一个以冥想闻名的团队输掉了超级碗，我们能在多大程度上相信专注力是获得成功的手段呢?

我觉得还会有很多人笃信于此。我想在这里说的是（如果你自己还没有得出结论的话），专注力被人们商品化并成为一种效能工具，这让我有一种怪异的感觉。最重要的是，我反对针对冥想法的目的论态度，即把冥想看作一种为特定目的而设计的"工具"来追求"结果"。

本着这样的质疑，我想起了几年前我曾与一位堂兄有过交谈。他是生物人类学的博士生、动物活动家，也是一个长期的纯素食主义者。当我问他，很多名人都是为了减肥的目的才吃素食，他是否因此感到不快时，这位堂兄用力地摇了摇头，说："我宁愿人们出于错误的原因去做正确的事情，也不愿他们根本不做正确的事情。"（这里"正确的事情"是指素食主义。）

这种哲学似乎也适用于这股专注力的狂潮。我很高兴越来越多的人从冥想中受益，很愿意看到有人变成一个专心的冥想者，而不再是带着广藿香味的嬉皮士。如果企业可以通过提供专注力项目给予员工更多的重视，那就顺其自然吧。

然而我也认为，我们可以考虑用另一种方式来讨论冥想，尤其是涉及我们如何对待工作的时候。

如果我们将专注力视为完成任务的工具，就会陷入一种只考虑未来的心态，无助于排遣当前的纷扰。当然，这并不是在否定神经科学；专注力可以帮助我们完成更多的事情。但为什么不让专注力成为一件顺其自然的事情呢？如果剥去人们在这种修习古法上附加的营销宣传，冥想法可以产生怎样的效果呢？

心理学家克里丝廷·内夫（Kristin Neff）因为创造了"自我关怀"这个词而闻名。值得一提的是，内夫认为自我关怀的第一个要素是宽厚。当我们"让自己失望"或者不能尽善尽美的时候，这种能力可以帮助我们泰然处之。自我关怀的另外两个要素是觉知力和专注力。我们的目标不是去做更多的事情，而是要明白我们已经做得够多了——我们的价值并不取决于我们做了什么。（不过研究表明，自我关怀实际上能帮助我们减少拖延。[3]）

我不是一个理想主义者。我并不是说每个人都应该开始冥想，全身心地投入自我关怀中，忘记所有要做的事情。我的意思是，我们在讨论专注力的时候，甚至是在参加企业专注力项目的过程中，都应当把关怀和自我关怀放在首位。

　　想要在工作中富有成效无可厚非。但是，在工作不太顺利时，能够放松自己，给自己一些关爱，亦无不可。

作者简介

夏洛特·利伯曼

驻纽约作家兼编辑。

注释

1. A. D. DeSantis and A. C. Hane, "'Adderall Is Definitely Not a Drug': Justifications for the Illegal Use of ADHD Stimulants," *Substance Use and Misuse* 45, no. 1–2 (2010): 31–46.
2. D. M. Levy et al., "The Effects of Mindfulness Meditation Training on Multitasking in a High-Stress Information

Environment," Graphics Interface Conference, 2012.

3. M. J. A. Wohl et al., "I Forgive Myself, Now I Can Study: How Self-Forgiveness for Procrastinating Can Reduce Future Procrastination," *Personality and Individual Differences* 48 (2010): 803–808.

九

戴维·布伦德尔（David Brendel）| 文

工作中的"专注力"风险

在商业领域中，"专注力"几乎成了人们追逐的一股热潮。但就像其他风靡一时的潮流一样，不管其潜在的益处有多大，我们都有理由保持谨慎。

多年来，埃伦·兰格和乔恩·卡巴特–津恩等具有开拓性的研究人员一直在竭力推行专注力。专注力是一种精神取向，是一套将注意力集中于当下体验的策略，比如在呼吸过程中关注腹肌运动或窗外的鸟鸣。它根植于古老的东方哲学，如道教和佛教。当代实证研究表明，保持专注的做法有助于减轻焦虑和精神压力。[1]最近的一项研究显示，这样做还可能降低中风和心脏病发作的风险。

如今，专注的冥想和相关练习法已被人们广泛接受。例如，《新共和》杂志就发表了一篇题为《2014年如何成为"专注力"之年》的文章。"专注力"最近还出现在哥伦比亚广播公司的《60分钟》(60 Minutes)节目中，并受到了《赫芬顿邮报》的推崇。美国广播公司的知名新闻记者丹·哈里斯（Dan Harris）出版了一本名为《快乐度提升 10%》（*Ten Percent Happier*）的畅销书。根据书中的描述，哈里斯自己颇受焦虑症的困扰，他发现专注的冥想是调节焦虑症的最佳方法。人们对如何将专注力应用于临床医学和心理学越来越感兴趣，一些大型保险公司甚至开始考虑报销某些患者采用专注力疗法产生的费用。

作为一名高管教练兼医生，我经常提倡专注力的练习，向客户推荐这种做法来调节压力、避免倦怠、增强领导能力，并在做出重要的商业决策、职业转型和个人生活发生改变时能够保持气定神闲。我运用东方哲学的概念和当代神经科学的研究证据，帮助一些客户在我们的课上和他们的日常生活中掌握控制呼吸的方法以及类似的策略。[2] 我还向客户推荐了一些值得信赖的同事，让他们学习瑜伽和专注的冥想，这些东西比我的指导课内容更深一层。

然而，随着对专注力（以及对专注力热潮）的认识不断增强，我现在感到一丝忧虑，担心专注力可能会被滥用，而且可能会排挤其他同等重要的用于调节压力、实现最佳业绩、获得职业和个人成就感的模式与策略。有时，人们对于专注力的"狂热"似乎已经形成一股浪潮，如果得不到适当的验证和节制，就有可能导致不良的反作用力。以下是令我忧虑的两个方面。

回避风险

有些人会使用专注力策略来回避思辨。我曾经接触过一些客户，他们不愿理性地思考自己面临的职业挑战或道德困境，宁愿借助冥想来逃避问题。有些问题需要进一步的思考，而不是后退一步。有时候，压力就是一个信号，示意我们需要通过更多的自我反思来权衡我们的处境，而不是"专注"地通过关注呼吸或其他直接的感官体验来回避问题。专注力策略有助于大脑更理性地思考，但前者显然不应该取代后者。我的一位客户花了太多的时间用于冥想，"专注"地接受自己的生活"现状"，以致她没能管理好公司中表现不佳的员工（也没有惩戒或解雇那些表现最恶劣的人员）。一段时间的冥想过后，她竭力回到以任务为导向的专注思维。通过我的郑重提醒和保证，她才明白，修习冥想法并不意味着要容忍员工的不佳表现。专注的冥想应该被用于增强，而不是取代人们对工作、生活的理性和分析性思考。

团体迷思的风险

随着专注力的修习进入美国的主流社会，一些机构和公司也鼓励员工在工作场所练习专注力，这是好的现象。[3] 但我意识到这种新的趋势已经发展过度了。在一个案例中，一家金融服务公司的业务部门主管要求他的直接下属每周参加数次 10—15 分钟的专注力训练，其中包括呼吸控制和意象引导。许多参与者开始害怕做这种练习。有些人感觉非常尴尬、不舒服，他们认为冥想练习应该在私下进行。他们原本应该通过冥想来减轻工作压力，结果反而加大了压力。这种做法持续了数周，后来几名小组成员终于鼓起勇气告诉组长，他们强烈希望每天的冥想练习可以自愿参加，不参加的人也不必受罚。专注力源于一种有关自我效能和积极地自我关照的哲学和心理学。如果自上而下地将其强加于人，就会降低训练的价值，并且原本会自愿训练的人也将出于逆反心理而减少获益。

专注力热潮已经成为当代美国一种重要文化现象，尤其对于商界人士，这可能是个好消息，他们可以通过练习专注力来应对自己面临的压力、倦怠感和现代职场中的其他现实问题。但是，专注力的训练需要遵循自愿原则，这样才能用它应对压力、有效思考、做出明智的决定和取得成就。我们应该通过专注力训练来加强我们的理性和道德思考过程，而不是限制或取代它们。人们不应该将专注力的训练强加于人，尤其是在工作场所。从根本上讲，如果人们可以借助专注力来获得机会，找到自己的个性化策略，以此克制焦虑，调节压力，优化工作表现，获得幸福和成就感，那么这将是西方文化向前迈出的一大步。

作者简介

戴维·布伦德尔

波士顿地区的高管指导教练、领导力发展专家和精神病学家。他是"领导思想高管训练"的创始人兼董事，也是"思维战略"领导力发展和指导公司的联合创始人。

注释

1. J. Corliss, "Mindfulness Meditation May Ease Anxiety, Mental Stress," *Harvard Health Blog*, January 8, 2014.
2. M. Baime, "This Is Your Brain on Mindfulness," *Shambhala Sun*, July 2011, 44–84; and "Relaxation Techniques: Breath Control Helps Quell Errant Stress Response," *Harvard Health Publications*, January 2015.
3. A. Huffington, "Mindfulness, Meditation, Wellness and Their Connection to Corporate America's Bottom Line," *Huffington Post*, March 18, 2013.

专注力